4-5歲

幼兒全方位
智能開發

數學篇

比較概念

比較大小（一）

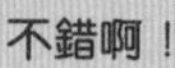

大

big

小

small

● 比一比，請圈出每組中較大的食物。

1.

2.

3.

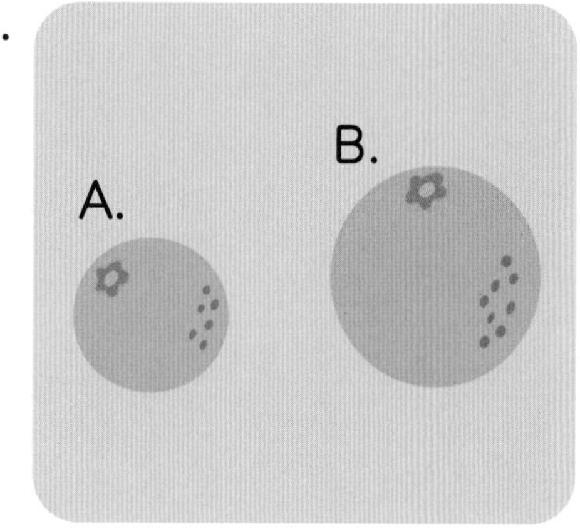

4.

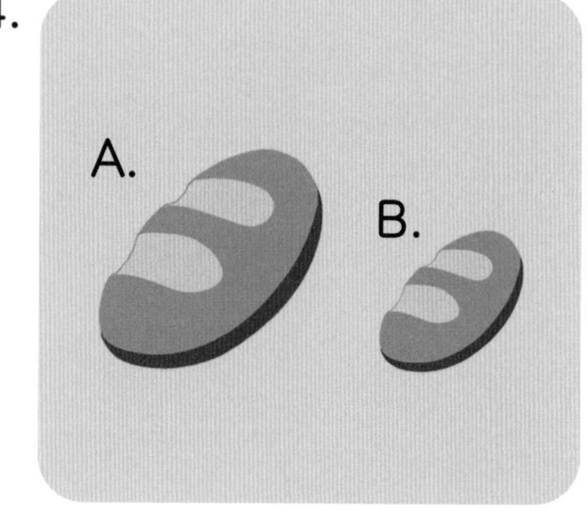

答案：1. B 2. A 3. B 4. A

比較大小（二）

做得好！ 不錯啊！ 仍需加油！

請繪畫一個比下圖小的三角形。

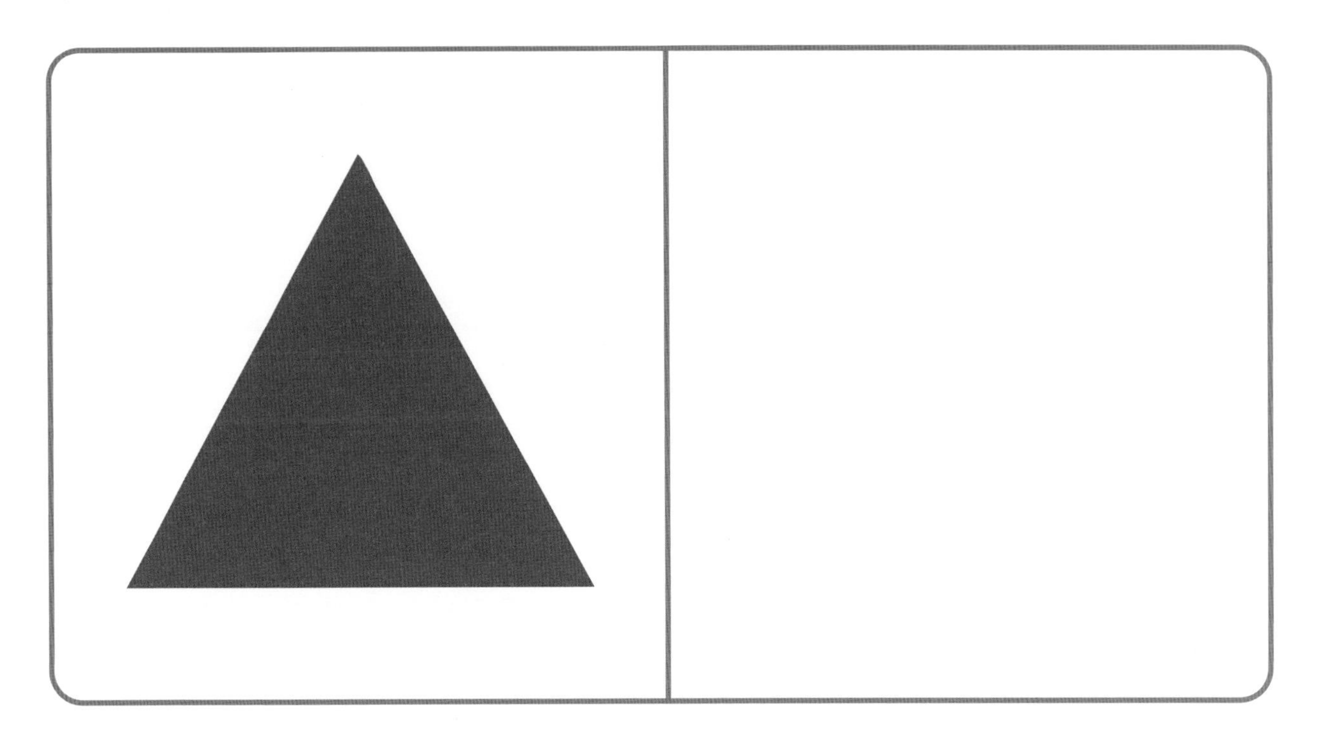

請先在左邊繪畫一個比下圖小的圓形，再在右邊繪畫一個比下圖大的圓形。

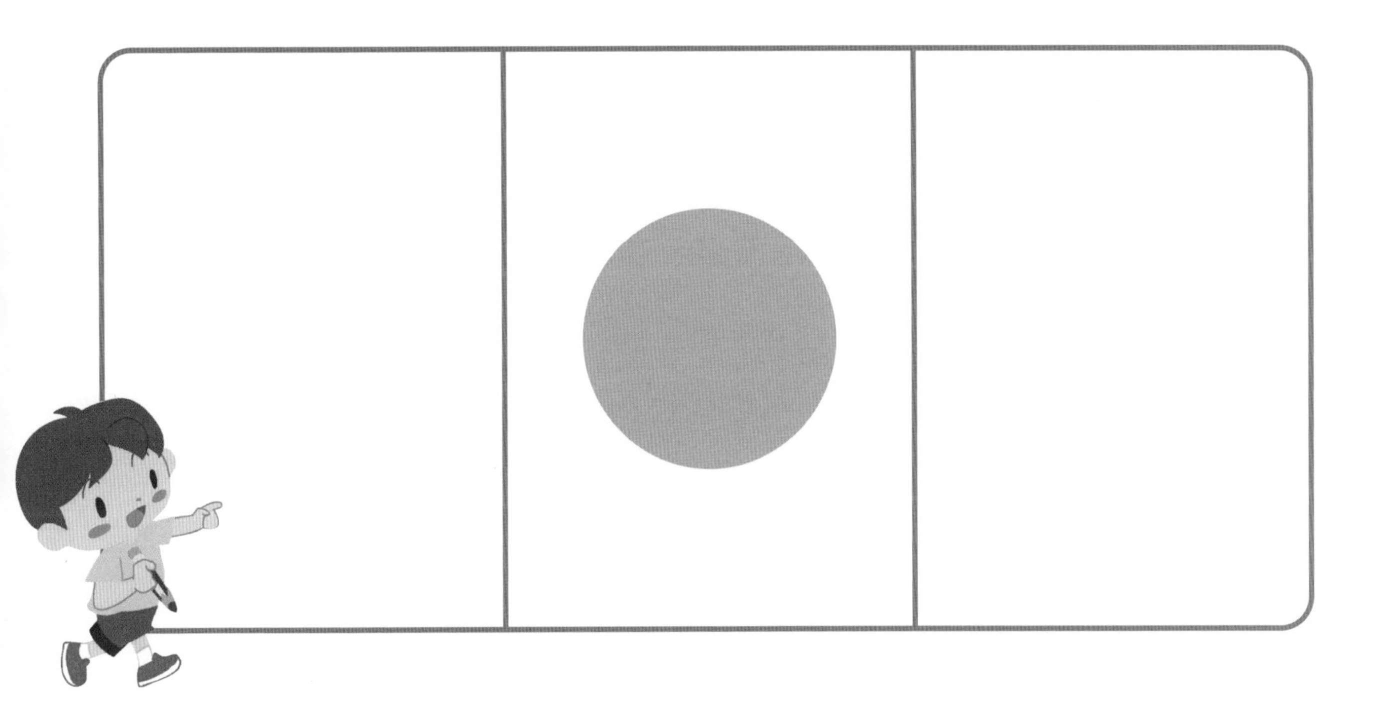

比較高矮（一）

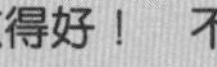

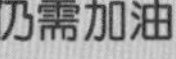

高
tall

矮
short

● 比一比，請圈出每組中較高的杯子。

1.

A. 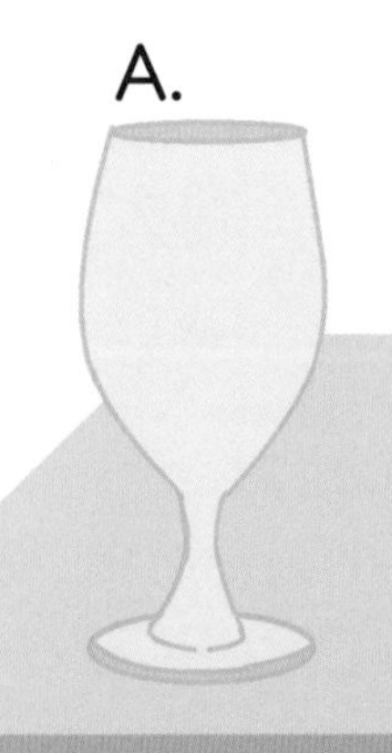

B. 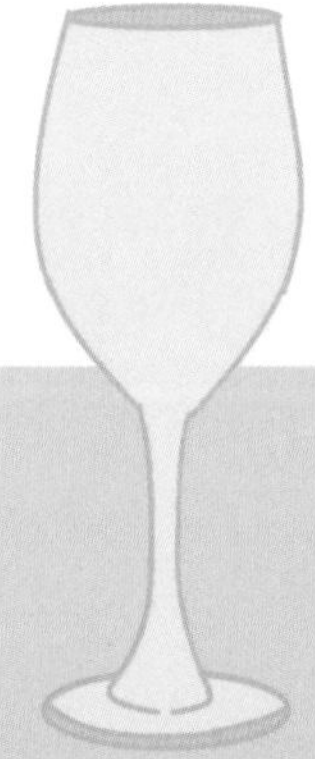

2.

A. 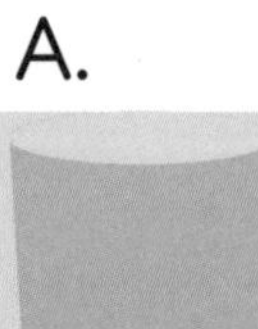

B. 

3.

A. 

B.

小朋友，哪位家人比你高？試說一說。

答案：1. B 2. B 3. A

比較高矮（二）

● 翹翹在比較玩偶的高度。請依指示圈出正確的玩偶。

1. 請圈出最矮的洋娃娃。

A.

B.

C.

2. 請圈出最高的玩具熊。

A.

B.

C.

小朋友，你家中哪位最高，哪位最矮？試說一說。

答案：1. C 2. B

比較長短（一）

短 長

short long

● 比一比，請圈出每組中較長的文具。

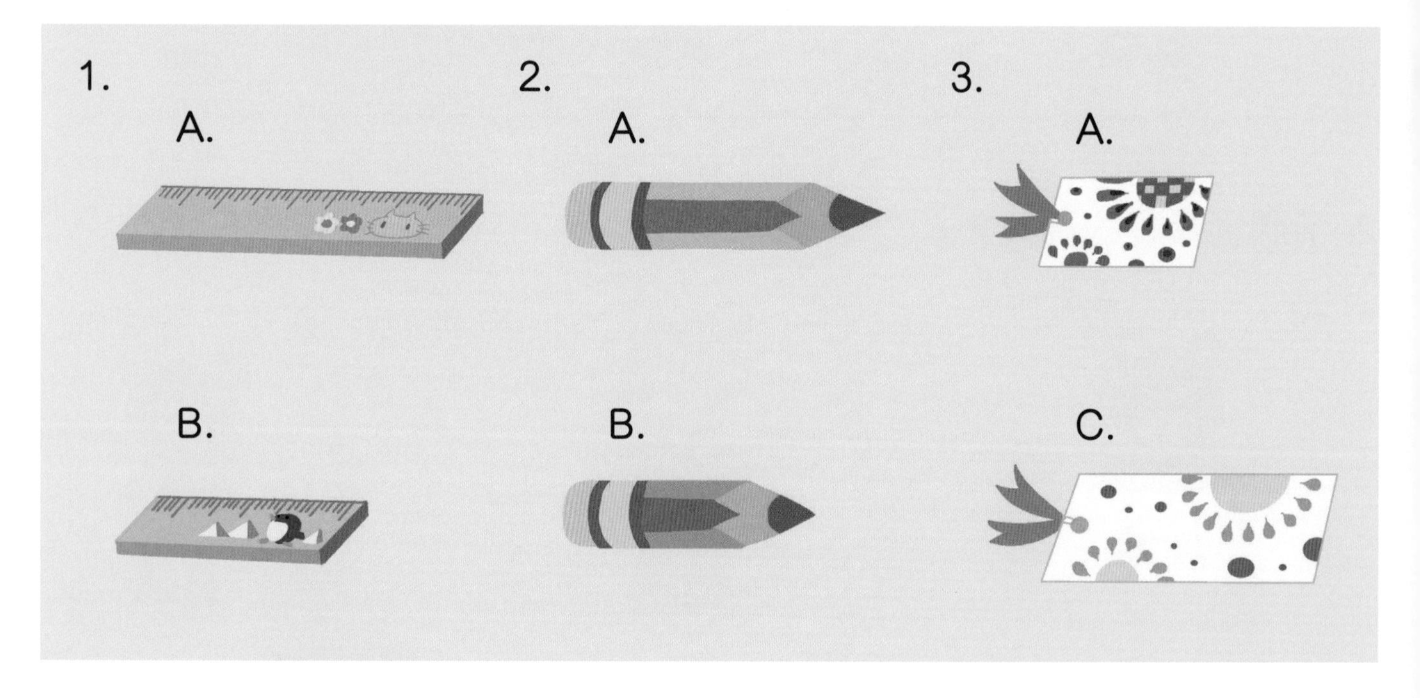

小朋友，哪位家人的頭髮比你長？試說一說。

答案：1.A 2.A 3.B

比較長短（二）

做得好！ 不錯啊！ 仍需加油！

- 請繪畫一條比下圖短的荷蘭豆。

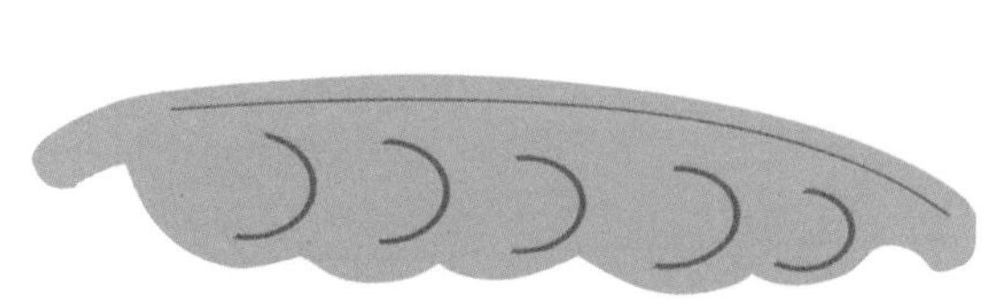

- 請先在左邊繪畫一條比下圖長的梯子，再在右邊繪畫一條比下圖短的梯子。

温習
比較大小、高矮、長短（一）

● 下面有 6 個玩具士兵，請找出：

1. 體型最大的士兵，把他頭盔上的★填上黃色。

2. 身高最高的士兵，在他下方的□內加✓。

3. 拿着最長槍枝的士兵，把他的槍枝圈出來。

答案：1. C 2. B 3. E

温習
比較大小、高矮、長短（二）

● 俊俊的哥哥打扮成小丑去參加化裝舞會。請根據俊俊形容哥哥的話，猜猜下面哪一個是俊俊的哥哥，在正確的 ☐ 內加 ✓。

答案：D

温習
比較大小、高矮、長短（三）

歡樂超級市場

做得好！ 不錯啊！ 仍需加油！

1. 請找出 2 個蘋果 ，並把它們圈出來。這 2 個蘋果中，哪一個較大？ 請用◎圈出來。

2. 請找出 2 個瓶子 ，並把它們圈出來。這 2 個瓶子中，哪一個較高？ 請用◎圈出來。

3. 最後，請找出 2 條麪包 ，並把它們圈出來。這 2 條麪包中，哪一條較短？ 請用◎圈出來。

答案：

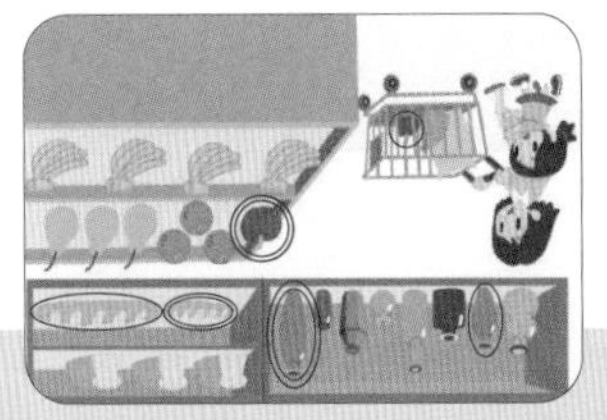

比較輕重（一）

做得好！ 不錯啊！ 仍需加油！

量一量，請圈出每組中較輕的食物。

1.

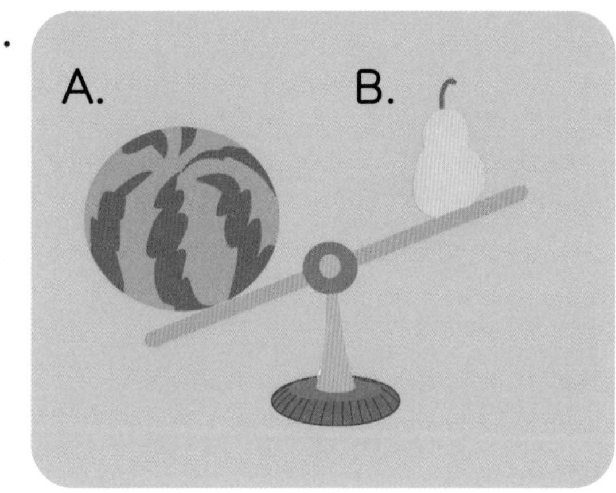

2.

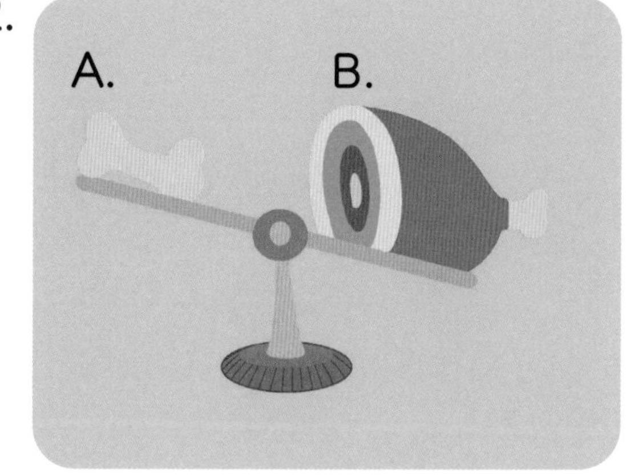

3.

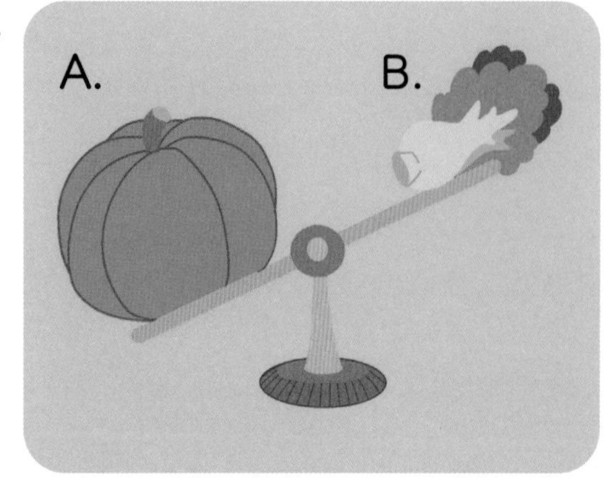

4.

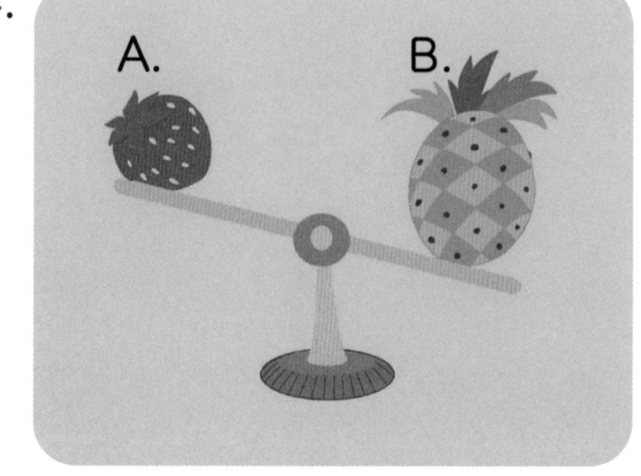

答案：1. B 2. A 3. B 4. A

比較輕重（二）

做得好！  不錯啊！  仍需加油！ 

小朋友在玩買賣遊戲，一個當店員，一個當顧客。請根據顧客的要求，圈出正確的貨物。

1.

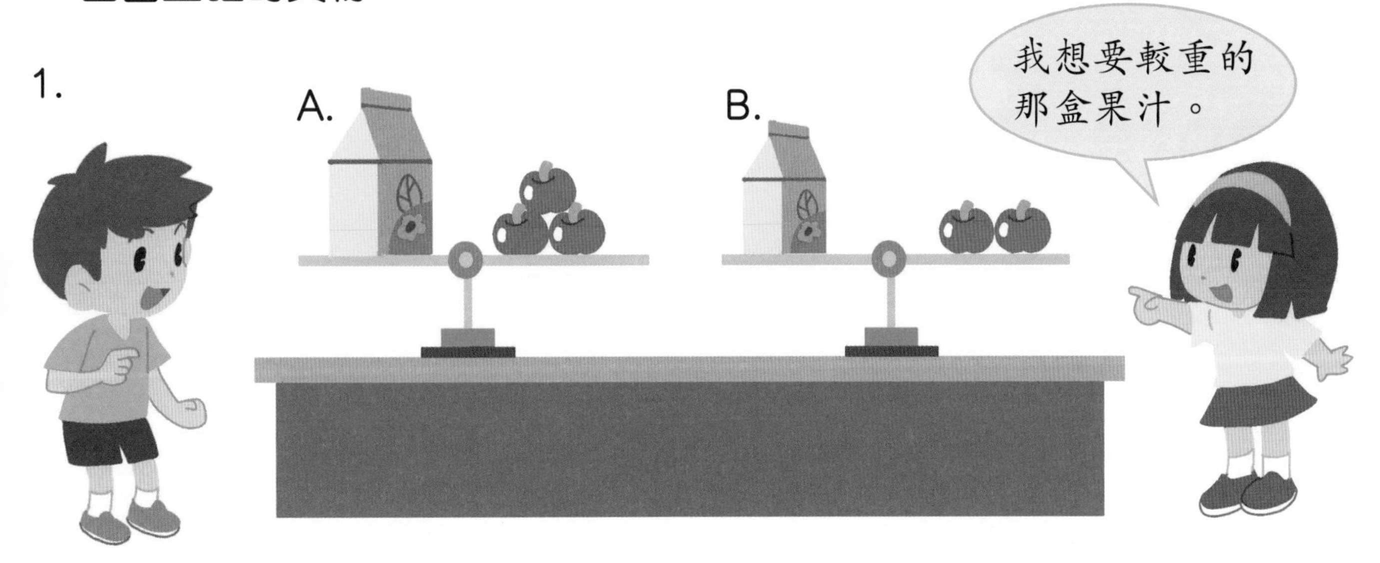

小提示 數一數天平上的蘋果，看看哪盒牛奶相等於較多蘋果？

2.

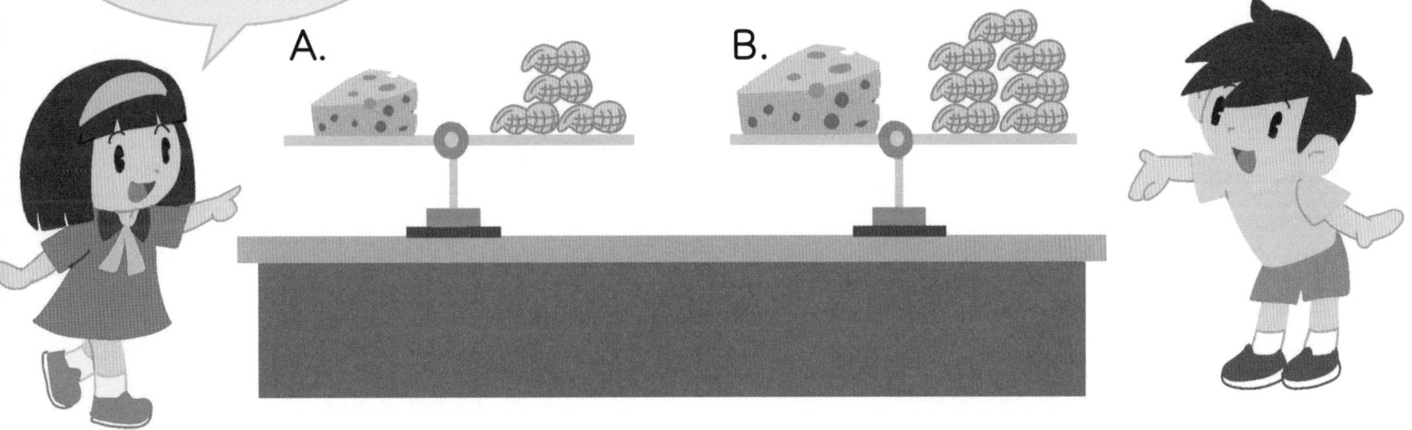

小提示 數一數天平上的花生，看看哪塊芝士相等於較少花生？

答案：1. A 2. A

比較多少（一）

做得好！ 不錯啊！ 仍需加油！

多 more

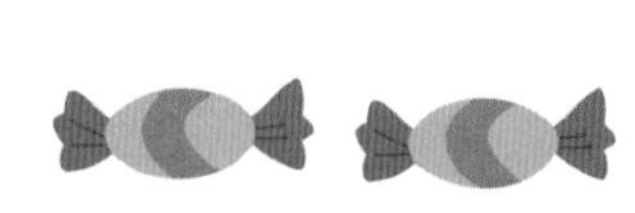

少 less

請看看快餐店裏的 3 組食物，圈出每組中較多的一盤食物。

1. A. B.

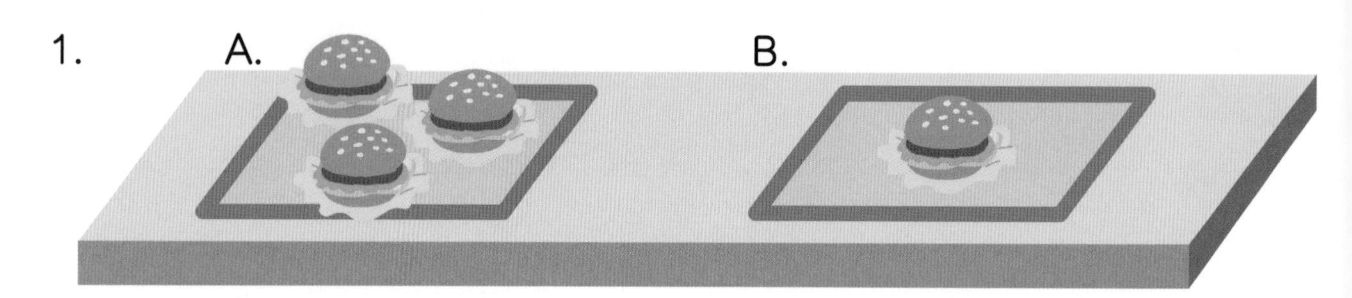

2. A. B.

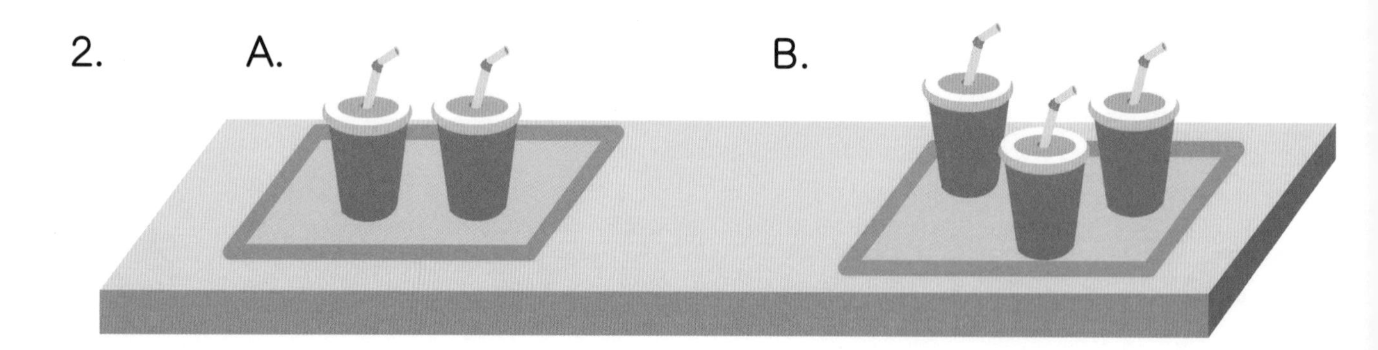

3. A. B.

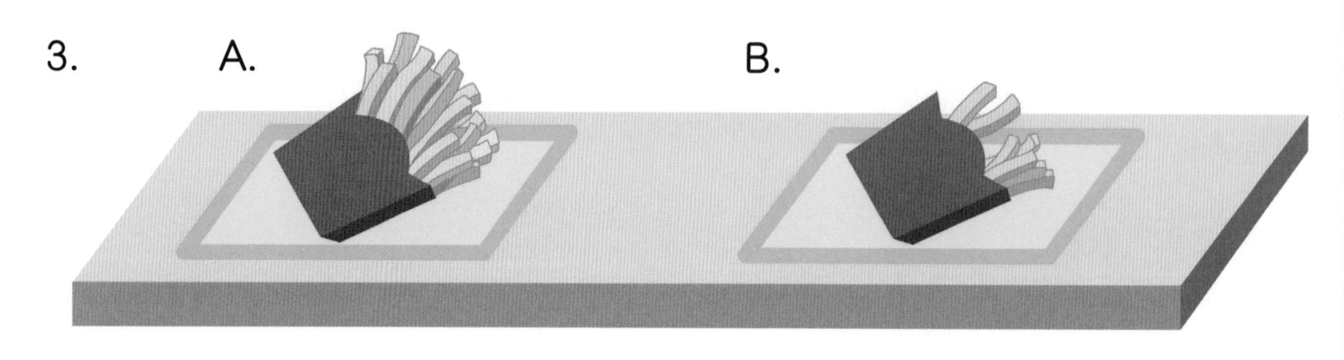

答案：1. A 2. B 3. A

比較多少（二）

做得好！ 不錯啊！ 仍需加油！

● 請繪畫比下圖籃子少的橙。

● 請先在左邊的碟子繪畫比下圖碟子少的櫻桃，再在右邊的碟子繪畫比下圖碟子多的櫻桃。

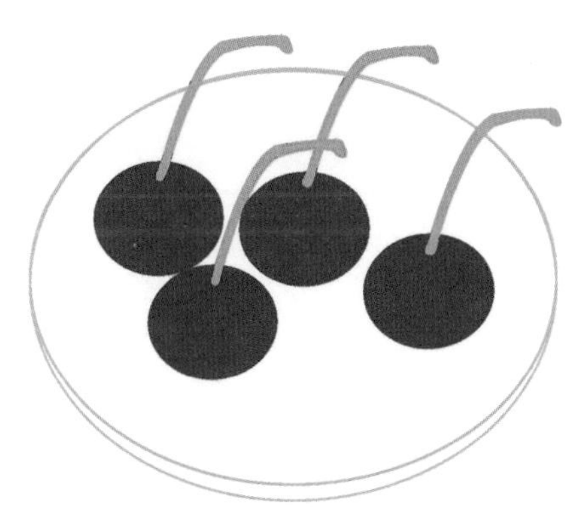

比較粗幼（一）

做得好！ 不錯啊！ 仍需加油！

粗 thick

幼 thin

● 請看看花園裏的 3 組東西，圈出每組中較幼的東西。

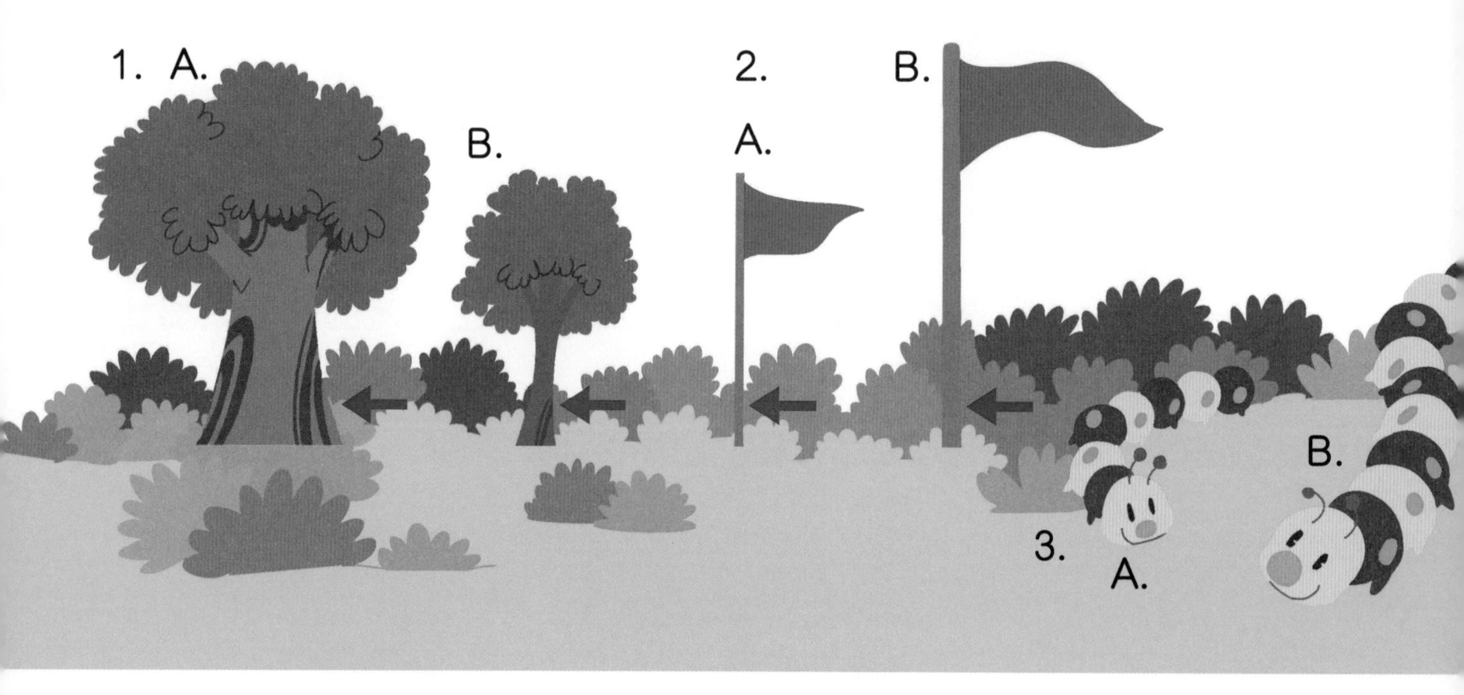

小朋友，哪位家人的手指比你粗？試說一說。

答案：1. B 2. A 3. A

比較粗幼（二）

做得好！ 不錯啊！ 仍需加油！

● 哪一碗的麪條最粗？請把最粗的麪條填上顏色。

1.

● 下面有一些蠟筆，最粗的一枝是紅色的，最幼的一枝是綠色的。請把蠟筆填上正確的顏色。

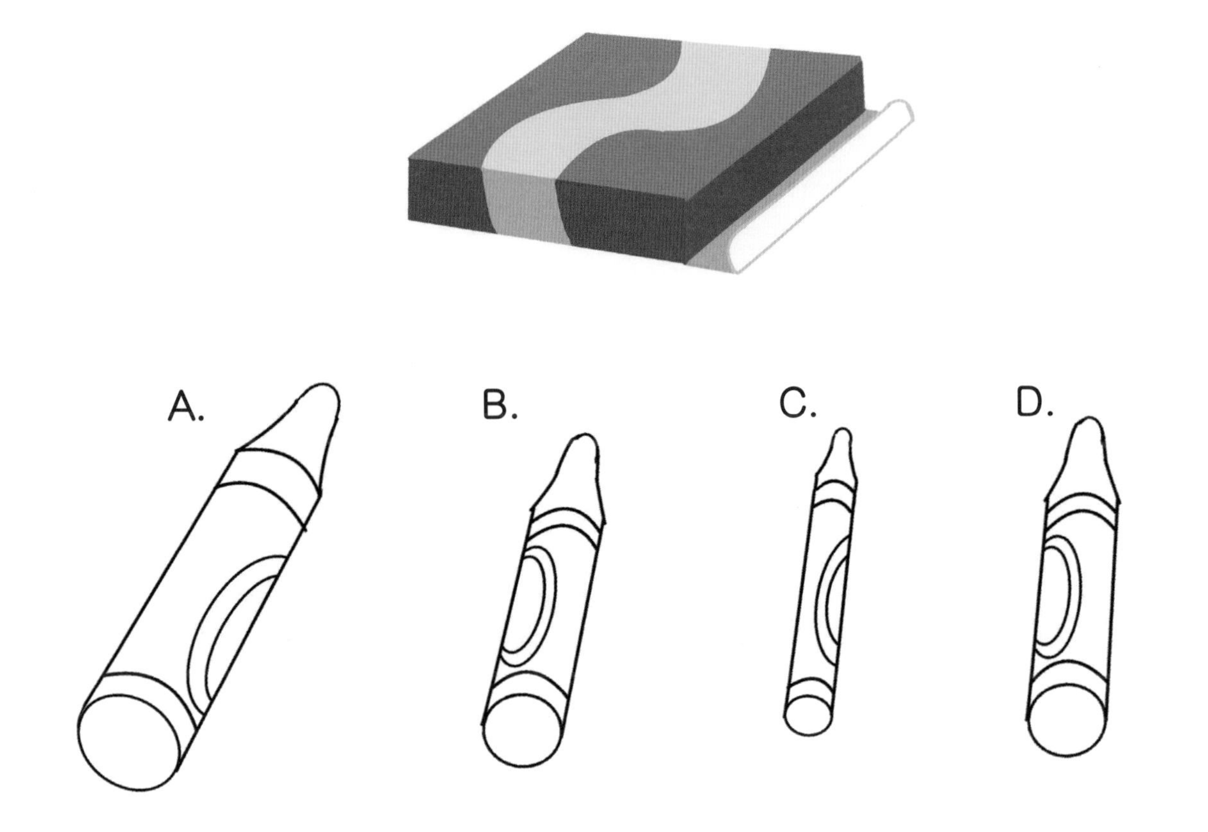

答案：1. B 2. 紅色：A；綠色：C

温習
比較輕重、多少、粗幼（一）

請看看下面的圖畫，圈出正確的詞語，然後講故事給爸爸媽媽聽。

1. 星期六，希希跟媽媽去購物。媽媽先去買了一條（幼 / 粗）的手鏈。

2. 接着，她們去超級市場，買了數量（多 / 少）的飲品，然後又買了其他東西。

3. 最後，媽媽拿着很（重 / 輕）的購物袋回家。

答案：1. 幼 2. 少 3. 重

温習
比較輕重、多少、粗幼（二）

做得好！ 不錯啊！ 仍需加油！

● 請根據小偵探的話，圈出真正的聖誕老人。

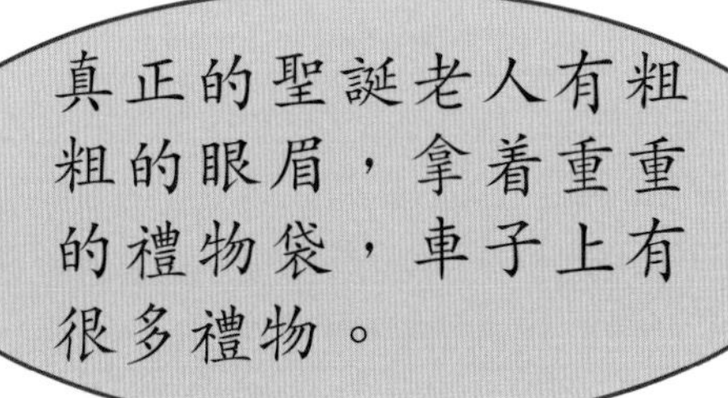

A.

B.

C.

D.

答案：C

温習
比較輕重、多少、粗幼（三）

做得好！ 不錯啊！ 仍需加油！

● 請根據下面的指示，在 P.20 的圖中圈出答案。

1. 請找出 2 顆星 ，並把它們圈出來。這 2 顆星中，哪一顆較輕？請用◎圈出來。

2. 請找出 2 位衣服上有蝴蝶結 的小朋友，然後數一數蝴蝶結的數量。這 2 位小朋友中，哪一位的衣服上有較多蝴蝶結？請用◎圈出來。

3. 最後，請找出 2 條彈簧 ，並把它們圈出來。這 2 條彈簧中，哪一條較幼？請用◎圈出來。

答案：

比較厚薄（一）

做得好！ 不錯啊！ 仍需加油！

 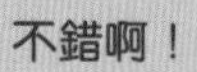   

厚 thick

薄 thin

 請看看麵包店裏的 3 組食物，圈出每組中較薄的食物。

1.

A. 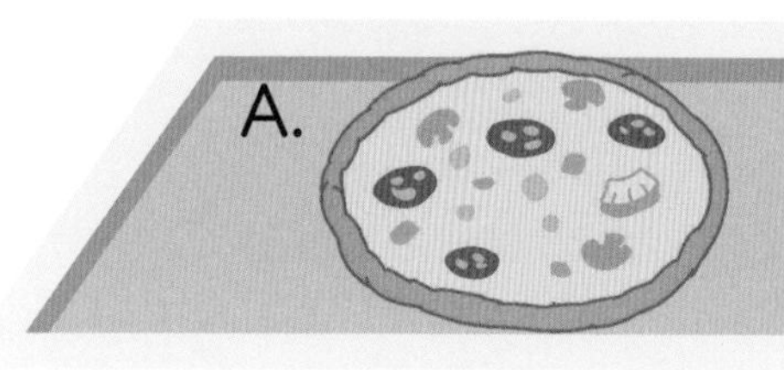

B. 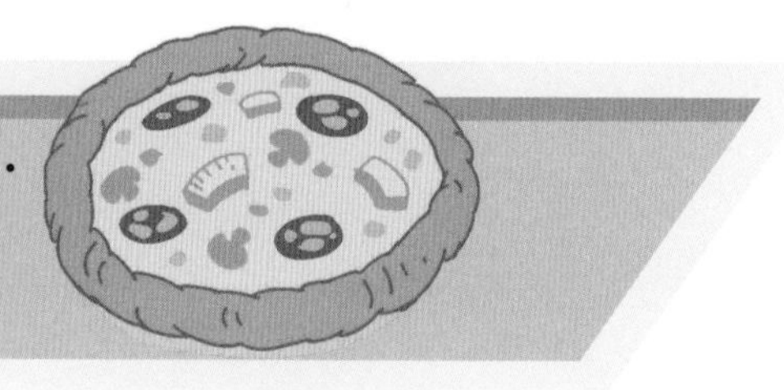

2.

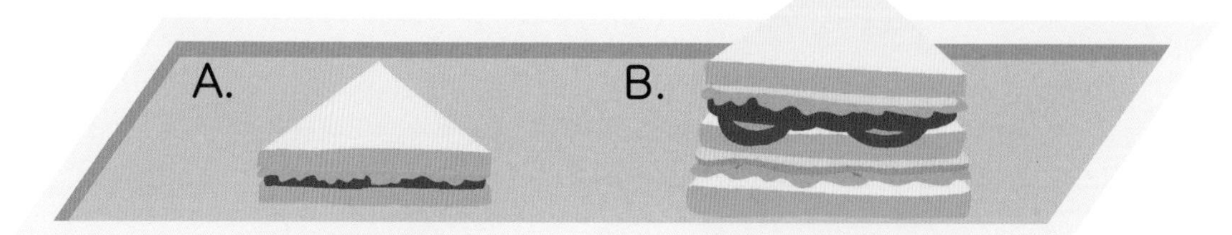

3.

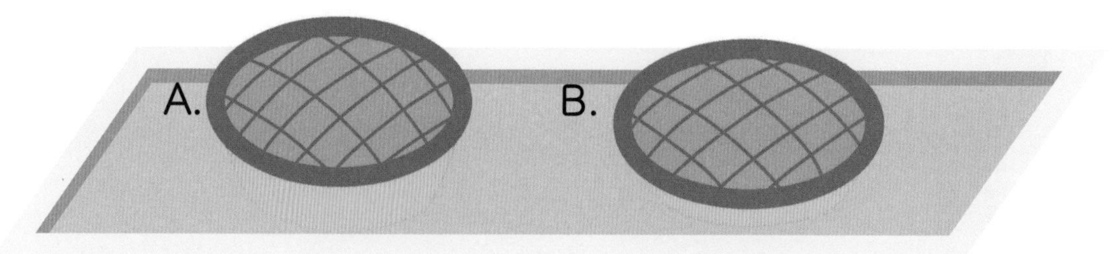

答案：1. A 2. A 3. B

做得好！ 不錯啊！ 仍需加油！

比較厚薄（二）

● 冬天到了，媽媽想買厚厚的被子，請圈出最厚的被子。

1.

● 爸爸想買木板做小型的玩具櫃，請圈出最薄的木板。

2.

我想做一個輕巧的玩具櫃給兒子。

A.

B.

C.

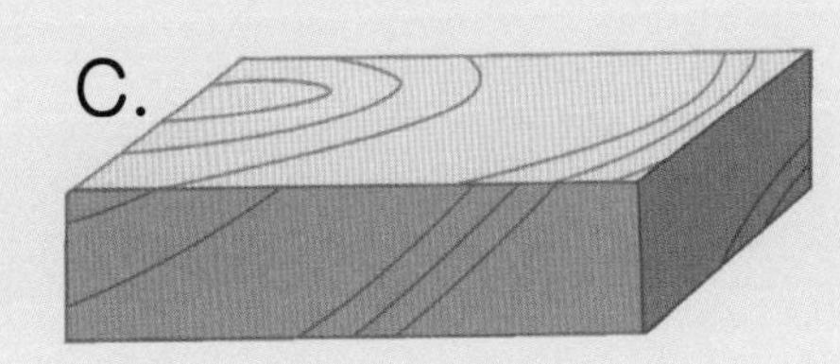

答案：1. C 2. A

比較快慢（一）

 運動場上正進行兩場比賽，請圈出每場比賽中跑得較快的選手。

1.

2.

答案：1. B 2. A

比較快慢（二）

做得好！ 不錯啊！ 仍需加油！

● 豬爸爸、豬媽媽和小豬打算到海邊遊玩，請根據他們的話，用線把他們和正確的交通工具連起來。

1.

我想比小豬快，
但比豬媽媽慢去
到海邊。

A.

2.

B.

3.

C.

答案：1.B 2.C 3.A

比較闊窄（一）

闊
wide

窄
narrow

● 在服裝店裏，有 3 組人在試穿衣服，請圈出每組中穿較窄衣服的人。

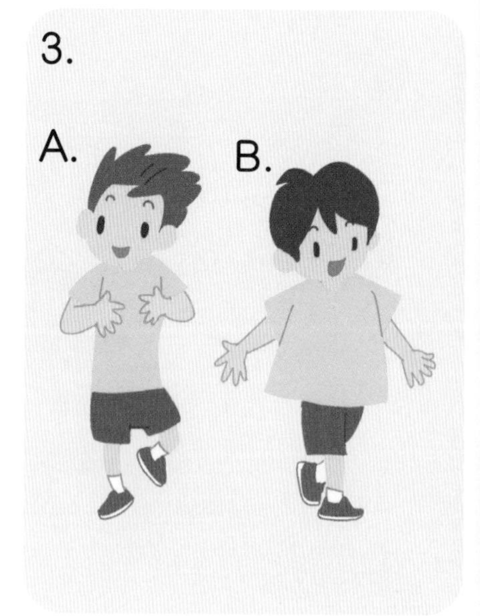

小朋友，上面哪個人的衣服最闊？
試說一說。

答案：1. B 2. B 3. A

比較闊窄（二）

做得好！ 不錯啊！ 仍需加油！

● 小紅帽要到外婆家，但路上有很多分岔路。請根據媽媽的話，畫出正確的路線，帶小紅帽到外婆家。

你每次到分岔處，只要根據以下指示選擇路線，就能安全來到外婆家了：
❶闊路 ❷窄路 ❸窄路 ❹闊路 ❺窄路 ❻窄路

答案：

温習
比較厚薄、快慢、闊窄（一）

做得好！  不錯啊！  仍需加油！ 

● 相傳十二生肖的排名是由一場的比賽結果決定。下圖是比賽的情況，請在最先到達的動物身上加 ✓，並在最後到達的動物身上加 ✘。

答案：✓：老鼠；✗：豬

温習
比較厚薄、快慢、闊窄（二）

● 農曆新年快到了，嵐嵐幫爸爸媽媽封紅包。請根據爸爸媽媽的話，在正確的 ☐ 內分別填上「10」、「20」和「50」。

請按照以下指示封紅包：
最窄的紅包袋：$ 10
最闊的紅包袋：$ 50
其他的紅包袋：$ 20

1.

    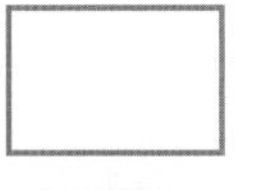 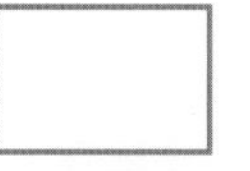

● 猜猜哪一疊紅包是最厚的？請圈出來。

2. A.

B.

C.

答案：1. 50；10；20；50；20；20；20；20；50；20；10；50　2. B

温習
比較厚薄、快慢、闊窄（三）

做得好！ 不錯啊！ 仍需加油！

● 請根據下面的指示，在 P.30 的圖中圈出答案。

1. 請找出 2 塊紅色坐墊，並把它們圈出來。這 2 塊紅色坐墊中，哪一塊較薄？請用◎圈出來。

2. 請找出 2 個貼了香橙招紙的瓶子，並把它們圈出來。這 2 個瓶子中，哪一個瓶口較闊？請用◎圈出來。

3. 樂樂和彥彥比賽誰較快釣到魚，他們同一時間開始，釣到魚的時間分別如下。誰勝出今次的比賽呢？請圈出勝利者。

答案：

總温習

我們身邊有很多事物都可以作比較。下面是一個小遊戲，請邀請一位小朋友跟你一起玩。

玩法： 拿一件小物件（如：鈕扣），輕力地拋到下面的格子。在小物件落入的格子中，選其中一個字（如：在「高矮」的格子中，你可選「高」或「矮」），然後以此字描述身邊的人、事或物（如：高的燈柱，矮的弟弟）。兩人輪流選字並作描述，直到其中一方想不到為止。

大小	高矮	長短
輕重	多少	粗幼
厚薄	快慢	闊窄